Divya Verma

Padrão espacial dos locais de ligação dos factores de transcrição no genoma

Divya Verma

Padrão espacial dos locais de ligação dos factores de transcrição no genoma

Imprint

Any brand names and product names mentioned in this book are subject to trademark, brand or patent protection and are trademarks or registered trademarks of their respective holders. The use of brand names, product names, common names, trade names, product descriptions etc. even without a particular marking in this work is in no way to be construed to mean that such names may be regarded as unrestricted in respect of trademark and brand protection legislation and could thus be used by anyone.

Cover image: www.ingimage.com

This book is a translation from the original published under ISBN 978-3-330-34584-3.

Publisher:
Sciencia Scripts
is a trademark of
Dodo Books Indian Ocean Ltd. and OmniScriptum S.R.L publishing group

120 High Road, East Finchley, London, N2 9ED, United Kingdom
Str. Armeneasca 28/1, office 1, Chisinau MD-2012, Republic of Moldova, Europe
Printed at: see last page
ISBN: 978-620-7-63222-0

ÍNDICE DE CONTEÚDOS:

CAPÍTULO 1   3

CAPÍTULO 2   9

CAPÍTULO 3   18

CAPÍTULO 4   35

CAPÍTULO 5   39

ACRÓNIMOS

2D	Two Dimensional
3C	Chromosome Conformation Capture
3D	Three Dimensional
4C	Chromosome Conformation Capture-On-Chip
4C-seq	Chromosome Conformation Capture-On-Chip Coupled with High-Throughput Sequencing
5C	Chromosome Conformation Capture Carbon Copy
bp	Base Pair
CHIA-PET	Chromatin Interaction Analysis using Paired End Tag Sequencing
ChIP	Chromatin Immunoprecipitation
ChIP-seq	Chromatin Immunoprecipitation Coupled with High-Throughput Sequencing
ESC	Embryonic Stem Cells
Hi-C	High-Throughput Chromosome Capture
Kb	Kilo Base
Mb	Mega Base
MTL	Multiple Transcription Factor-Binding Loci
RC	Read counts
RPM	Reads Per Million
TF	Transcription Factor
TFAS	Transcription Factor Association Score
TFBS	Transcription Factor Binding Site
TSS	Transcription Start Site

CAPÍTULO 1

1 INTRODUÇÃO

O corpo de um mamífero é constituído por mais de 200 tipos de células, quase todas com o mesmo genoma mas com morfologia e funções diferentes. Estas diferenças devem-se à maquinaria de regulação genética específica de cada célula. O genoma dos mamíferos tem uma organização complexa de sequências reguladoras associadas a diferentes elementos reguladores. Spitz et *al.* (2003) cunharam o termo "paisagem reguladora" para descrever a organização complexa das sequências reguladoras. Estas sequências reguladoras incluem promotores, potenciadores, silenciadores, isoladores, etc. (Levine e Tjian, 2003). Exceptuando os promotores proximais, estas sequências são geralmente mais distais ao local de início da transcrição. Os potenciadores são sequências com várias centenas de pares de bases que incluem múltiplos locais de ligação para diferentes TFs e reguladores de genes. As combinações de diferentes TFs com reguladores de genes nestes elementos são responsáveis pela regulação dos seus genes alvo de forma específica em termos de dosagem, espaço e tempo. Tal como os factores de transcrição, as modificações das histonas também são importantes para a regulação dos potenciadores em diferentes condições ambientais, linhagens celulares, tipos de tecidos ou fases de desenvolvimento (Heintzman et al. 2009).

Os isoladores, outro componente importante da paisagem reguladora, são complexos de proteínas do ADN que protegem um gene de influências externas, bloqueando as interacções potenciador-promotor. Verificou-se que os isoladores são importantes para facilitar as interacções intra e intercromossómicas, de modo a organizar o genoma eucariótico em estados epigeneticamente hereditários. Esta organização mediada por isoladores pode desempenhar um papel crucial na regulação da função do ADN a vários níveis, incluindo a iniciação e o alongamento da transcrição e a recombinação do ADN (Yang e Corces, 2011).

As sequências reguladoras actuam não só a longas distâncias, até e para além das mega-bases (Kleinjan e van Heyningen, 2005), mas também em transposições (Harmston e Lenhard, 2013). A regulação da transcrição a longas distâncias depende dos laços de cromatina formados entre os elementos reguladores e os seus genes-alvo, e é apoiada por factores de transcrição. As evidências emergentes sugerem, assim, que as proteínas de ligação ao ADN, como os factores de transcrição e as proteínas de histonas; as marcas epigenéticas, como o posicionamento dos genes, a modificação dinâmica do ADN e das histonas; e a organização tridimensional da paisagem reguladora interagem de forma generalizada e específica da célula para gerar padrões de expressão espácio-temporais complexos (Misteli, 2007; Heintzman et al., 2009; Hou e Corces, 2012; e Harmston e Lenhard, 2013). A compreensão da interação dos factores de transcrição e das alterações epigenéticas com os elementos reguladores, juntamente com a conformação espacial da cromatina, é, por conseguinte, essencial para decifrar e interpretar a complexa maquinaria de regulação dos genes ao longo do espaço e do tempo. A imunoprecipitação da cromatina (revista por Park, 2009; Furey, 2012) e a captura da conformação do cromossoma (revista por de Wit e de Laat, 2012) são as principais abordagens actuais para resolver várias modificações e interacções epigenéticas no genoma.

A imunoprecipitação da cromatina (ChIP) é uma técnica que enriquece fragmentos de ADN aos quais se liga uma proteína específica ou uma determinada classe de nucleossomas (Solomon et al. 1988). As interacções ADN-proteína são avaliadas através da ligação cruzada da proteína de ligação ao ADN ao ADN in vivo, tratando as células com formaldeído; segue-se a fragmentação da cromatina na gama de 200-600 pb utilizando a abordagem de sonicação. O complexo ADN-proteína é então imunoprecipitado utilizando um anticorpo específico para a proteína em causa. As ligações cruzadas são finalmente invertidas e o ADN assim libertado é testado para determinar as sequências ligadas à proteína; por outro lado, a abordagem de digestão com micrococci nuclease (MNase) sem ligações cruzadas é geralmente aplicada para fragmentar a cromatina para mapear as posições dos nucleossomas ou as modificações das histonas. A digestão com MNase é mais eficaz na remoção do ADN de ligação do que a sonicação e permite uma maior precisão no mapeamento de cada nucleossoma.

A imunoprecipitação da cromatina é depois associada a métodos de sequenciação da próxima geração (ChIP-seq) de ultra-alto rendimento para sequenciar os fragmentos de ADN enriquecidos de interesse para avaliar as interacções proteína-ADN e as modificações das histonas (Johnson et al., 2007; Barski et al., 2007).

As técnicas de captura da conformação da cromatina (3C) são as principais abordagens actuais, que estão a ser amplamente utilizadas, para inferir a estrutura tridimensional do genoma (revisto por de Wit e de Laat, 2012). Estas técnicas, tal como o método ChIP, utilizam ligações cruzadas mediadas por formaldeído para resolver o contacto entre loci genómicos. A cromatina fixada é então cortada com uma enzima de restrição para extrair fragmentos reticulados da cromatina (Dekker et al. 2002). As extremidades cortadas da cromatina reticulada são então ligadas em condições diluídas para favorecer especificamente a ligação entre fragmentos reticulados. O processo de ligação é seguido da inversão das ligações cruzadas e da purificação do ADN. Os modelos 3C assim obtidos representam todas as interacções da cromatina que ocorrem em todo o genoma. Assim, a biblioteca 3C resultante dos produtos de ligação genómica é um modelo unidimensional (1D) da estrutura nuclear tridimensional (3D).

As etapas subsequentes divergem de acordo com a natureza do ensaio aplicado. A biblioteca 3C pode ser analisada diretamente através de PCR semi-quantitativa que utiliza pares de iniciadores que identificam combinações distintas de fragmentos de restrição ligados. Nesta abordagem, as interacções são analisadas de forma "um para um". A biblioteca 3C pode ainda ser processada de uma forma mais global, utilizando iniciadores específicos para o isco, como na tecnologia 4C (chromosome conformation capture-on-chip) e 5C (chromosome conformation capture carbon copy technology), ou utilizando ensaios de anelamento de todo o genoma, como na tecnologia Hi-C (high-throughput chromosome capture).

A técnica "3C-cópia de carbono" ou "5C" incorpora uma abordagem de amplificação mediada por ligação (LMA) altamente multiplexada com 3C (captura da conformação cromossómica), permitindo assim a identificação simultânea de milhões de interacções numa moda "muitos-para-muitos" (Dostie et al., 2006).

No método 5C, é produzida uma biblioteca 3C aplicando a abordagem 3C tradicional, seguida do recozimento de uma mistura de primers 5C directos e inversos à biblioteca 3C. Estes primers são concebidos de forma a que os primers forward se liguem diretamente a montante e os primers reverse se liguem diretamente a jusante do sítio de restrição recém-formado no produto de ligação 3C. A Taq ligase, que liga especificamente o ADN cortado, é utilizada para ligar os primers 5C recozidos um ao lado do outro. As extremidades 5'- de todos os iniciadores reversos são fosforiladas para facilitar a ligação de 5'-P e 3'-OH do iniciador reverso e direto, respetivamente. A biblioteca 5C resultante é amplificada com iniciadores universais de PCR ligados às caudas dos iniciadores 5C e é depois analisada utilizando técnicas de sequenciação de rendimento ultra-elevado. Os pares de iniciadores ligados produzem réplicas das junções de ligação distintas que representam os produtos de ligação 3C existentes na biblioteca 3C original, sendo por isso designadas por "cópia de carbono 3C" ou 5C.

Os métodos Hi-C (high-throughput chromosome capture) permitem identificar as interacções da cromatina ao nível do genoma de uma forma "todos contra todos" (Lieberman-Aiden et al., 2009). Neste método, as células são reticuladas com formaldeído, o que resulta na formação de ligações covalentes entre segmentos de cromatina espacialmente adjacentes. A cromatina reticulada é digerida com uma enzima de restrição, deixando assim extremidades pegajosas. As extremidades pegajosas são preenchidas com resíduos biotinilados para produzir fragmentos de extremidade romba. A ligação dos fragmentos de extremidade romba é efectuada em condições diluídas, promovendo especificamente a ligação entre os fragmentos de ADN quimérico. Os produtos de ligação resultantes, marcados com biotina na junção, representam os fragmentos originalmente presentes em estreita proximidade espacial no núcleo. É gerada uma biblioteca Hi-C por cisalhamento e purificação do ADN utilizando o método de "pull-down" de biotina através de esferas de estreptavidina para garantir que apenas as junções de ligação são seleccionadas para análise posterior. A biblioteca é então analisada através de sequenciação de extremidades emparelhadas de rendimento ultra-elevado para obter um catálogo de fragmentos que interagem em todo o genoma. As leituras são mapeadas de volta ao genoma e o par encontrado em dois fragmentos de restrição diferentes é classificado como uma interação entre estes dois fragmentos de restrição.

Na presente análise, explorámos se, ao incorporar a informação espacial dos dados de captura da conformação cromossómica nos picos de ligação ChIP-seq, é possível melhorar o mapeamento da ligação de elementos reguladores aos seus genes-alvo. Analisámos dados 3C publicamente disponíveis de ESC de ratinho (Dixon et al., 2012; Phillips-Cremins et al., 2013) e integrámo-los com dados ChIP-seq de ESC de ratinho (Chen et al., 2008; Kagey et al., 2010; Shen et al., (2012). A nossa análise foi direccionada para três reguladores e marcadores centrais de ESCs de ratinho, nomeadamente Oct4 (Pou5f1), Sox2 e Nanog. Oct4 e Nanog, factores de transcrição de homeodomínio, são cruciais para a identificação de ESCs e para o seu desenvolvimento inicial (Nichols et al., 1998; Chambers et al., 2003; Mitsui et al., 2003). Tanto Oct4 como Nanog têm papéis diferentes, mas regulam uma cascata de vias que estão complexamente ligadas para manter a pluripotência e a auto-renovação das CTE (Chambers, 2004; Loh et al. 2006). Sox2, um fator de transcrição HMG-box, heterodimeriza-se com Oct4 para regular a expressão de numerosos genes nas CTE. A heterodimerização de Oct4 e Sox2 é considerada uma ferramenta fundamental para a regulação do desenvolvimento da expressão de genes em CTEs (Dailey e Basilico, 2001). Observou-se que Oct4, Sox2 e Nanog co-ocupam uma parte considerável dos seus genes-alvo e muitos destes genes-alvo codificam factores de transcrição homeodomínios importantes para o desenvolvimento. Foi referido que Oct4, Sox2 e Nanog formam circuitos reguladores em ESCs (Boyer et al., 2005).

Neste estudo, começámos por analisar os dados de ChIP-seq de ESC de ratinho para determinar os picos de ligação e os locais de ligação dos factores de transcrição e também calculámos as forças de associação dos factores de transcrição (TFAS) para os genes. Ouyang et al. (2009) apresentaram o conceito de TFAS e compararam-no com a pontuação binária tradicional descrita por Ji et al. (2008). Tradicionalmente, o pico de ligação dos TF é associado a um gene quando o pico está mais próximo desse gene (geralmente o local de início da transcrição, TSS) do que os restantes genes. Por conseguinte, a pontuação binária é igual a 1, se o gene em causa estiver associado ao pico do TF; ou é igual a 0. Assim, a pontuação binária não considera a força dos picos e a distância comparativa entre os picos e os genes; enquanto que o TFAS contínuo é uma pontuação integrada da intensidade do pico e da proximidade dos genes numa escala linear que define a força de associação entre um TF e um gene. Mas o TFAS contínuo não considera a proximidade espacial dos TFs aos genes.

A fim de obter informações sobre a interação a longo prazo dos factores de transcrição e de outros reguladores com os genes, começámos por analisar os dados Hi-C (Dixon et al., 2012) e 5C (Phillips-Cremins et al., 2013) das CTE de ratinho para determinar os interactivos dos promotores e os interactivos dos potenciadores dos reguladores e marcadores principais seleccionados das CTE de ratinho, nomeadamente Oct4 (Pou5f1), Sox2 e Nanog. Depois disso, integrámos a análise de dados Hi-C e a análise de dados 5C com a análise ChIP-seq.

2 METODOLOGIA

2.1 Análise de dados ChIP-Seq

Os dados do pico de ligação ChIP-seq dos 13 factores de transcrição específicos da sequência (Nanog, Oct4, STAT3, Smad1, Sox2, Zfx, c-Myc, n-Myc, Klf4, Esrrb, Tcfcp2l1, E2f1 e CTCF) e 2 reguladores de transcrição (p300 e Suz12) em ESC de ratinho, gerados por Chen et *al.* (2008), foram importados do Sequence Read Archive do NCBI com o número de acesso SRP000217.

Os autores utilizaram a imunoprecipitação da cromatina com anticorpos específicos contra estes TF, seguida de sequenciação maciçamente paralela baseada em etiquetas curtas com a plataforma Solexa Genome Analyser (ChIP-seq) para encontrar regiões específicas de todo o genoma extensivamente visadas pelos diferentes TF em CTE de ratinho vivas.

Para a análise de dados ChIP-seq, foi utilizado o fluxo de trabalho GeneProf (Halbritter et al., 2011). Trata-se de um conjunto de software gráfico baseado na Web, publicamente disponível, escrito em JavaScript. Pode ser utilizado como um recurso para dados processados sobre a expressão e a regulação dos genes e como uma ferramenta analítica para decifrar dados de sequenciação de elevado rendimento em conclusões com significado biológico.

Após o controlo de qualidade inicial, as leituras curtas foram alinhadas com a montagem do genoma do rato de referência (NCBIm37) com Bowtie (v0.12.3) (Langmead et al., 2012). Durante o controlo de qualidade, o comprimento de leitura foi fixado em 26 bases para remover as flutuações observadas após a base 26th nas leituras em bruto.

Os picos de ligação para os TFs foram obtidos utilizando MACS (Zhang et al., 2008). O conjunto de dados de controlo GFP da experiência (Chen et al., 2008) foi utilizado para filtrar falsos positivos devido a ligações não específicas. Os locais de ligação dos factores de transcrição (TFBS) foram atribuídos aos genes com um tamanho de janela de 1000 pb a jusante e 20000 pb a montante do TSS.

Do mesmo modo, foram também obtidas pontuações de associação de factores de transcrição (TFAS; Ouyang et al. 2009) utilizando o pacote de software GeneProf. Para calcular a TFAS, foram considerados picos dentro de um intervalo alargado de apenas 1Mb de um gene e o valor da constante D0 foi fixado em 5000 para todos os TFs (Figura 2.1).

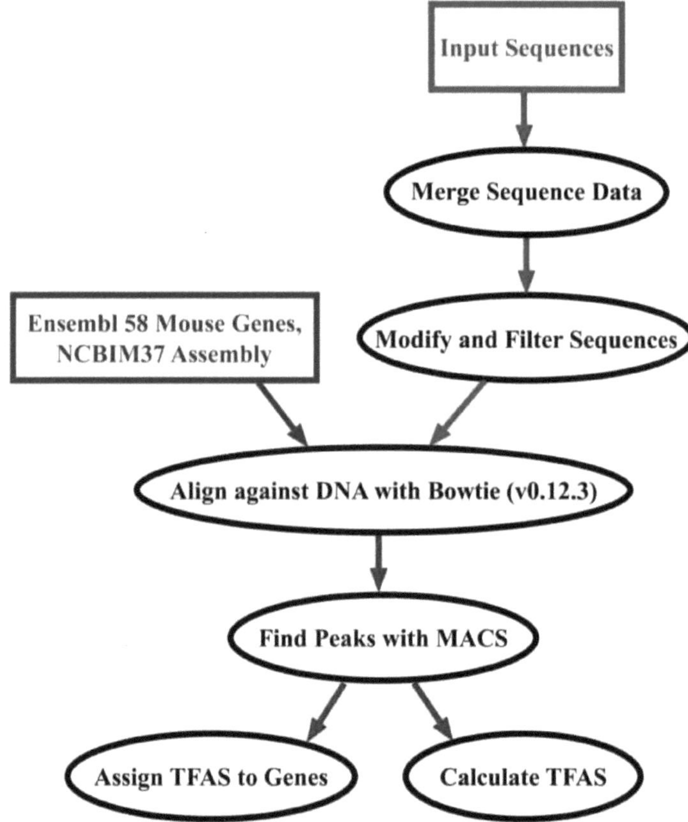

Figura 2.1: Fluxo de trabalho para análise de dados ChIP-seq utilizados no GeneProf.

2.2   Análise de dados Hi-C

Para a análise dos dados Hi-C, os alinhamentos genómicos originais para os dados de sequenciação Hi-C de extremidade emparelhada, gerados por Dixon et al. (2012), foram importados do Sequence Read Archive do NCBI com o número de acesso SRP010370.

A técnica Hi-C inclui a ligação cruzada, a digestão, a ligação e a sonicação do ADN, que prende as regiões de interação da cromatina, seguidas de sequenciação de alto rendimento em pares.

Os presentes dados Hi-C foram gerados a partir de ESC de ratinho J1 utilizando a plataforma Illumina HiSeq 2000 e consistem em três réplicas; duas da enzima de restrição HindIII e uma da enzima de restrição NCoI. A análise completa foi efectuada utilizando o pacote de software gráfico baseado na Web GeneProf (Halbritter et al., 2011).

Após o controlo de qualidade inicial, as leituras foram alinhadas com a montagem do genoma do rato de referência (NCBIm37) com Bowtie (v0.12.3) (Langmead et al., 2012).

Durante o controlo de qualidade, foram removidas as bases incertas (N) à frente e atrás; o tamanho das leituras foi fixado em 36b e o comprimento mínimo das leituras foi fixado em mais de 18b.

Para a presente análise, seleccionámos três reguladores e marcadores nucleares específicos da sequência das CTE de ratinho, nomeadamente Oct4 (Pou5f1), Sox2 e Nanog.

Estudámos os interactomas do promotor e do potenciador para estes três genes. Para o interactoma do promotor, seleccionámos as leituras do primeiro companheiro (isco) da região do promotor de cada um dos genes de interesse, seleccionando as leituras que estavam alinhadas com os fragmentos de restrição num comprimento de 1000 pb à volta do TSS (TSS±500 pb), como representado na Figura 2.2.

Os segundos companheiros das leituras seleccionadas foram então mapeados contra o conjunto de referência do genoma do rato (NCBIm37). As regiões alinhadas com o segundo parceiro representam as partes do genoma que estavam na proximidade do promotor do gene (região isco) no momento da fixação durante a captura da conformação da cromatina.

Obtivemos assim o mapa de interação de todo o genoma com o promotor do gene de interesse (Figura 2.3).

Com um tamanho de isco de 1000 pb (TSS±500), o número de leituras obtidas para os locais de interação foi muito reduzido. Assim, analisámos os dados aumentando o tamanho do isco para um comprimento de 2000 pb (TSS±1000 pb) e depois também para um comprimento de 4000 pb (TSS±2000 pb).

Obtemos também o padrão de interação de todo o genoma com os potenciadores dos genes seleccionados.

Para isso, procurámos os MTL (multiple transcription fator-binding loci) a montante mais próximos do TSS e seleccionámos um tamanho de 2000 pb à sua volta (MTL), como representado na Figura 2.2. O MTL é o

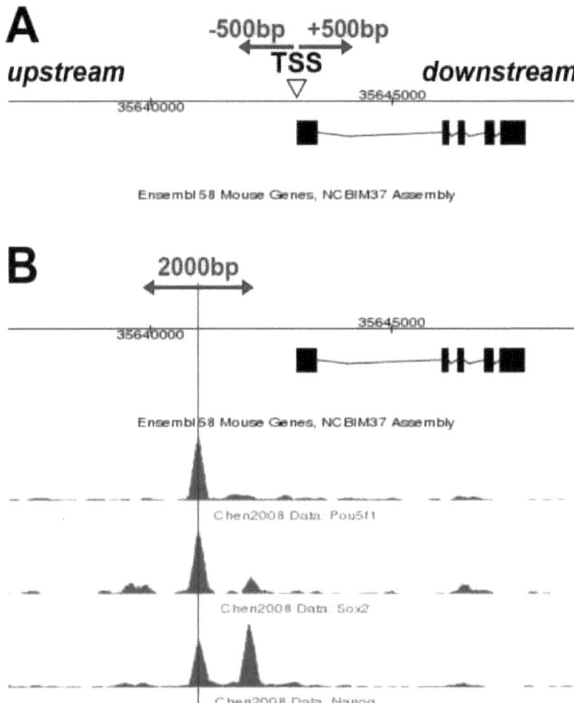

Figura 2.2: Ilustração da região de isco (mostrada com uma seta de duas cabeças) utilizada para a seleção de leituras do primeiro companheiro durante a análise de dados Hi-C para (A) os interactomas de promotores e (B) os interactomas de potenciadores do gene de interesse.

local de ligação ligado por muitos factores de transcrição (Chen et al., 2008). Os segundos companheiros das leituras seleccionadas foram então alinhados com o conjunto de referência do genoma do rato (NCBIm37).

As regiões alinhadas com o segundo parceiro representam as partes do genoma que

estavam na proximidade do potenciador do gene (região isco) no momento da fixação
durante a conformação da cromatina

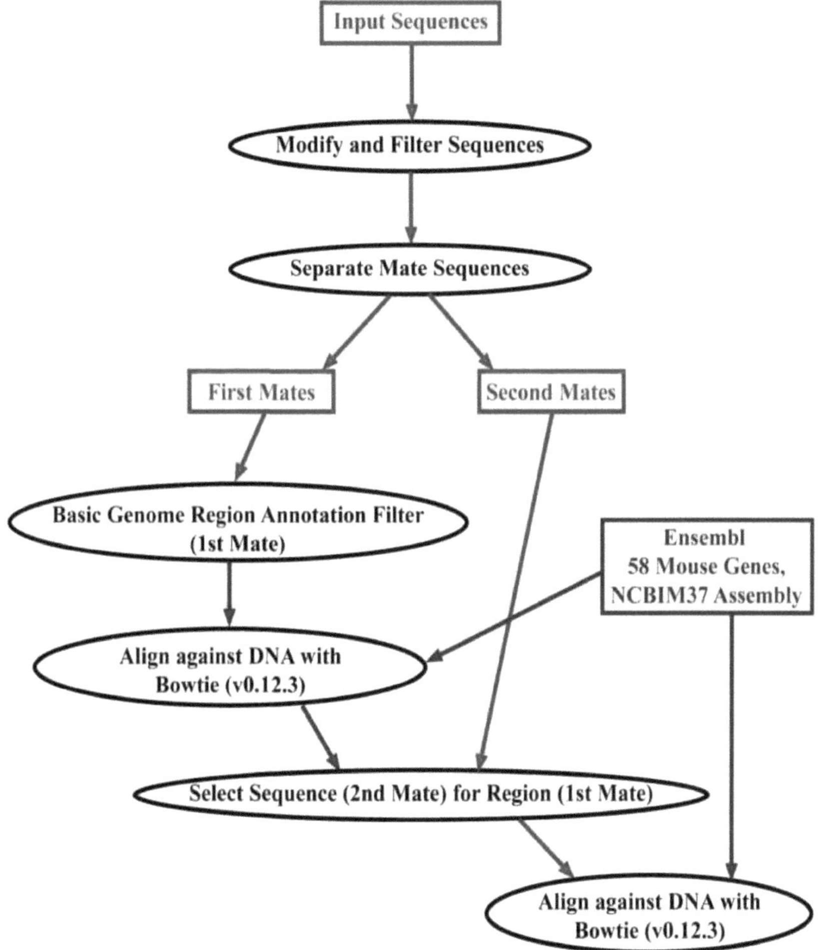

Figura 2.3: Fluxo de trabalho utilizado para a análise de dados Hi-C no GeneProf.

captura. Obtivemos assim o mapa de interação de todo o genoma com o potenciador
do gene de interesse (Figura 2.3).

2.3   5-C Análise de dados

Os dados de sequenciação 5C para genes-chave regulados pelo desenvolvimento (Oct4,
Nanog, Nestin, Sox2, Klf4 e Olig1- Olig2) em ESC de ratinho, gerados por Phillips-

Cremins et *al.* (2013), foram importados do Sequence Read Archive do NCBI com o número de acesso SRP011234. Utilizaram um desenho de primers 5C alternados para encontrar interacções de cromatina de longo alcance em seis regiões genómicas de 1-2 Mb à volta dos genes-chave.

A descrição do tamanho de cada região, o número de fragmentos de restrição HindIII e o número de potenciais interacções cis e trans 3-D consultadas com primers 5C na experiência 5C são apresentados no Quadro 1.

Na presente experiência 5C, Phillips-Cremins et al. (2013) conceberam primers 5C em locais de restrição HindIII utilizando as ferramentas de conceção de primers my5Csuite (Lajoie et al., 2009). Os primers foram concebidos de forma a que os primers forward

Tabela 1: Resumo das regiões genómicas consultadas por Phillips-Cremins et al. (2013) em torno dos genes-chave durante a experiência 5C.

Size of region	# of fragments	# of potential interactions
Oct4 (2.1 Mb)	317	25,110
Olig1-Olig2 (1.15 Mb)	274	18,768
Sox2 (1.0 Mb)	265	17,556
Klf4 (1.0 Mb)	251	15,750
Nestin (1.1 Mb)	205	10,504
Nanog (1.15 Mb)	189	8,930
Gene Desert (0.56 Mb)	50	625
Trans		5,04,726

Conforme obtido de Phillips-Cremins et al. (2013)

e os primers reversos ligam-se diretamente a montante e a jusante, respetivamente, de um sítio de restrição específico (neste caso, HindIII) no produto de ligação 3C. A biblioteca 5C resultante de pares de primers ligados representa assim uma cópia em carbono apenas das interacções 3D entre os loci genómicos nas regiões de interesse. Ligaram a sequência universal T7 a todos os iniciadores directos e o complemento inverso da sequência universal T3 a todos os iniciadores inversos e amplificaram a biblioteca 5C utilizando os princípios da amplificação mediada por ligação. A amplificação mediada por ligação (LMA) é amplamente aplicada para a deteção e amplificação de sequências-alvo específicas utilizando pares de iniciadores que recozem um ao lado do outro na mesma cadeia de ADN (Landegren et al. 1988; Peck et al., 2006).

Phillips-Cremins et al. (2013) utilizaram a plataforma Illumina GA2 para a sequenciação de extremidades emparelhadas da biblioteca 5C.

Para a análise dos dados 5C, foi utilizado o pacote de software gráfico GeneProf (Halbritter et al., 2011), baseado na Web.

Após o controlo de qualidade inicial, as leituras foram alinhadas com o pseudo-genoma que contém todos os primers 5C (Tabela S2, Phillips-Cremins et al. 2013). A Tabela S2, contendo a lista de sequências de DNA

Figura 2.4: Primeiras linhas da Tabela S2 (direita) com sequências de primers 5C e Tabela S3 (abaixo) com coordenadas genómicas de primers 5C obtidas a partir dos materiais suplementares de Phillips-Cremins et al. (2013)

```
Phillips-Cremins et al. 2013
Table 2: 5C Primer Sequences, Related to Experimental Procedures
and Extended Experimental Procedures

>5C_325_Olig1-Olig2_FOR_2
TAATACGACTCACTATAGCCTGTCTAAATGCCACAGAATCGCCTCTGAAG
>5C_325_Olig1-Olig2_FOR_4
TAATACGACTCACTATAGCCGCAGCTGTAACAAGCTCAACACTGTACAAG
>5C_325_Olig1-Olig2_FOR_9
TAATACGACTCACTATAGCCCCAGGCAGAGGCATCTTAACACTTCCCAAG
```

```
Phillips-Cremins et al. 2013
Supplementary Table 3: Primer Genomic Coordinates, Related to Experimental Procedures and Extended
Experimental Procedures

#track  )_314-ES-NPC-l:'my5C-FRAGN Blue=FORWARD                  =REVEbilit itemRgb=On
chr16   90614288   90615044   5C_325_Olig1-Olig2_FOR_2:0    0   +   90614288   90615044   0,0,255
chr16   90623209   90631190   5C_325_Olig1-Olig2_FOR_4:0    0   +   90623209   90631190   0,0,255
chr16   90651499   90663184   5C_325_Olig1-Olig2_FOR_9:0    0   +   90651499   90663184   0,0,255
chr16   90674290   90675136   5C_325_Olig1-Olig2_FOR_13:0   0   +   90674290   90675136   0,0,255
chr16   90676370   90677832   5C_325_Olig1-Olig2_FOR_16:0   0   +   90676370   90677832   0,0,255
chr16   90682489   90694563   5C_325_Olig1-Olig2_FOR_18:0   0   +   90682489   90694563   0,0,255
```

e números de identificação para cada primer do desenho de primer 5C alternado; e a Tabela S3, contendo a lista de coordenadas genómicas e números de identificação para cada primer do desenho de primer 5C alternado (Figura 2.4); foram descarregados do material suplementar de Phillips-Cremins et al. (2013). O pseudo-genoma foi construído utilizando todos os primers 5-C da Tabela S2.

Para controlo de qualidade, foram cortadas 5 bases da extremidade 5' e 3 bases da extremidade 3' das leituras para remover os oligonucleótidos adaptadores utilizados durante a sequenciação.

Tal como a análise de dados Hi-C, seleccionámos três reguladores e marcadores centrais específicos da sequência de ESCs de ratinho, nomeadamente Oct4 (Pou5f1), Sox2 e Nanog, também para a análise de dados 5C.

O primer 5C que continha o TSS para o gene de interesse (isco) foi filtrado a partir dos primeiros companheiros e todos os primers dos segundos companheiros, emparelhados com o primer selecionado, foram mapeados para o pseudogenoma.

As regiões alinhadas com o segundo parceiro representam as partes do genoma que estavam na proximidade do promotor do gene.

Apenas os primers contrários (primers forward se o isco era um primer reverse e os primers reverse se o isco era um primer forward) foram contabilizados como uma contagem verdadeira.

As sequências alinhadas resultantes, a partir do segundo parceiro, foram anotadas para as coordenadas genómicas utilizando as coordenadas genómicas 5C obtidas a partir da Tabela S3 (Material suplementar, Phillips-Cremins et al. 2013), como se mostra na Figura 2.4.

Isto deu-nos o mapa de interação do promotor do gene de interesse dentro da região genómica selecionada.

Os dados de conformação cromossómica foram depois integrados com o perfil de ligação dos factores de transcrição Oct4 (Pou5f1), Sox2, Nanog e CTCF a partir dos dados ChIP-Seq das ESC de ratinho (Chen et *al.* 2008) no navegador de genoma GeneProf.

Também integrámos o perfil de ligação da coesão (Smc1) e do mediador (Med12) da ESC de ratinho de Kagey et al. (2010) e o perfil de modificação epigenética da ESC de ratinho de Shen et al. (2012). Estes perfis ChIP-Seq estão disponíveis publicamente

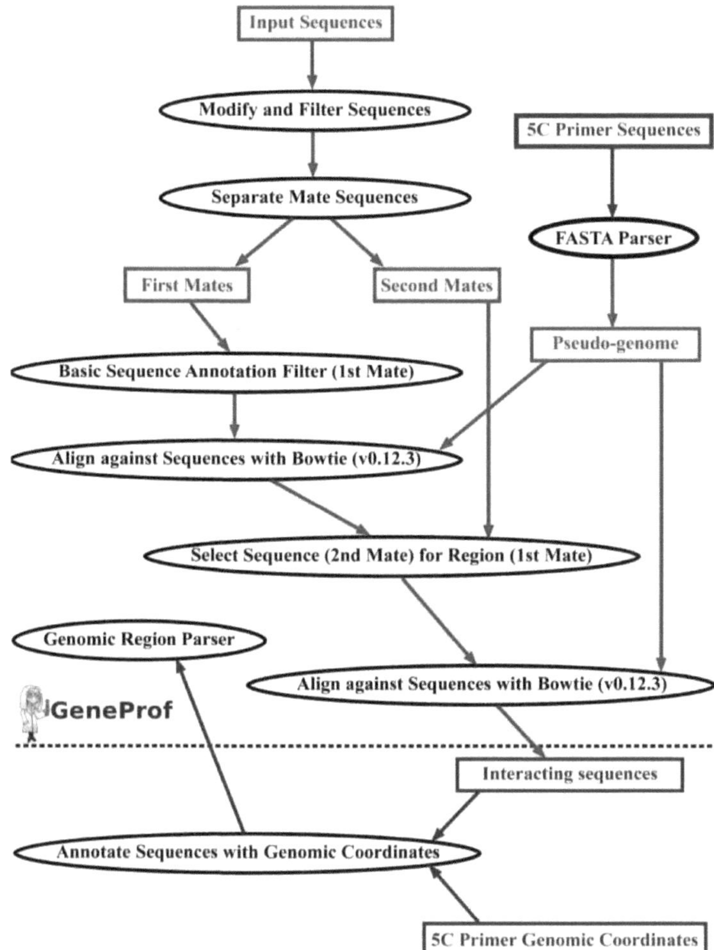

Figure 2.5: Fluxo de trabalho para análise de dados 5C no GeneProf.

disponível no conjunto de software GeneProf com o número de acesso GeneProf gpXP_000012 para Chen et al. (2008), gpXP_000027 para Kagey et al. (2010) e gpXP_001091 para Shen et al. (2012).

CAPÍTULO 3

3. RESULTADOS

3.1 Análise de dados Hi-C

3.1.1 Interactomas de promotores

Na análise de dados Hi-C, dos 2,36 mil milhões de leituras obtidas de Dixon et al. (2008), 1,95 mil milhões de leituras puderam ser alinhadas de forma única. Para o estudo dos interactomas do promotor, seleccionámos iscos de três tamanhos diferentes: 1000 pb (TSS±500), 2000 pb (TSS±1000) e 4000 pb (TSS±2000) em torno do promotor do gene de interesse. Verificou-se que o número de leituras que mostram interação aumentava com o aumento do tamanho do isco em torno dos promotores, devido ao aumento do número de leituras tidas em conta (Quadro 2).

Tabela 2: Número de leituras inter e intracromossómicas obtidas durante a análise de dados Hi-C a partir das três réplicas, com os três tamanhos de isco (TSS±500, TSS±1000 e TSS±2000) em torno dos promotores para os três factores-chave das ESCs Pou5fl, Sox2 e Nanog.

		Pou5fl			Sox2			Nanog		
		Hind III rep1	Hind III rep2	NCo I	Hind III rep1	Hind III rep2	NCo I	Hind III rep1	Hind III rep2	NCo I
TSS ±500	Intrachromosomal	154	83	265	20	24	124	229	129	289
	Interchromosomal	41	15	61	4	3	12	53	30	66
TSS ±1000	Intrachromosomal	205	105	443	49	70	264	410	234	335
	Interchromosomal	45	17	111	8	11	34	76	52	72
TSS ±2000	Intrachromosomal	464	244	522	118	133	408	692	437	664
	Interchromosomal	91	39	115	12	13	54	138	85	151

Os padrões de interação obtidos a partir das três réplicas, a partir dos três tamanhos de janela (TSS±500, TSS±1000 e TSS±2000) em torno do promotor para os três factores-chave Pou5fl (Oct4), Sox2 e Nanog, foram analisados por binning para 1Kb. Ao estudar o padrão de interação obtido a partir das três réplicas, verificou-se que as réplicas técnicas HindIII rep1 e HindIII rep2 estavam altamente correlacionadas, ao passo que as réplicas biológicas HindIII rep1 e NCoI, HindIII rep2 e NCoI apresentavam comparativamente menos correlação (Quadro 3). Por exemplo, para

Pou5f1, as réplicas técnicas, HindIII rep1 e

Quadro 3: **Coeficiente de correlação de Pearson entre as três réplicas de** dados **Hi-C dos três tamanhos de isco (TSS±500, TSS±1000 e TSS±2000) em torno dos promotores para os três factores-chave das CTE Pou5f1, Sox2 e Nanog.**

	Pou5f1			Sox2			Nanog		
	HindIII Rep1 vs Rep2	HindIII Rep1 vs NCoI	HindIII Rep2 vs NCoI	HindIII Rep1 vs Rep2	HindIII Rep1 vs NCoI	HindIII Rep2 vs NCoI	HindIII Rep1 vs Rep2	HindIII Rep1 vs NCoI	HindIII Rep2 vs NCoI
TSS ±500	0.84	0.67	0.71	0.65	0.65	0.70	0.92	0.89	0.88
TSS ±1000	0.92	0.79	0.75	0.70	0.84	0.69	0.97	0.93	0.94
TSS ±2000	0.93	0.75	0.75	0.89	0.88	0.78	0.96	0.88	0.89

HindIII rep2, apresentaram uma correlação mais elevada (r = 0,84 para TSS±500; r = 0,92 para TSS±1000; r = 0,93 para TSS±2000) do que as duas réplicas biológicas, HindIII rep1 e NCoI (r = 0.67 para TSS±500; r = 0,79 para TSS±1000; r = 0,75 para TSS±2000); e HindIII rep2 e NCoI (r = 0,71 para TSS±500; r = 0,75 para TSS±1000; r = 0,75 para TSS±2000), como se mostra na Figura 3.1. As diferenças significativas observadas entre as réplicas de HindIII e NCoI deveram-se provavelmente a enviesamentos técnicos relacionados com variações nos locais de restrição, comprimentos dos fragmentos de restrição e eficiência de digestão das duas enzimas de restrição. Considerando que,

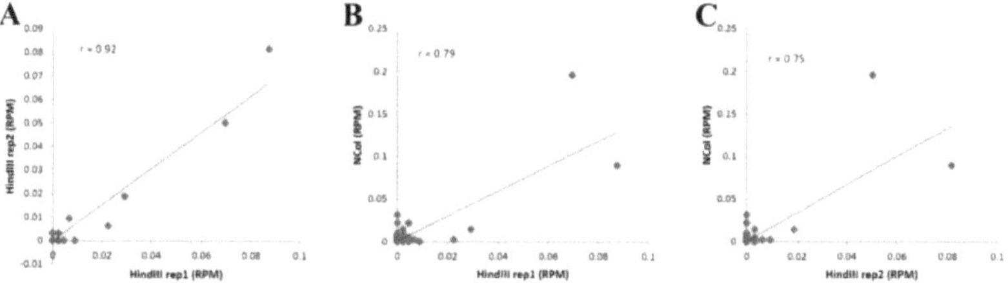

Figura 3.1: Gráficos de dispersão para comparar as três réplicas de dados Hi-C. (a) HindIII rep1 e HindIII rep2; (b) HindIII rep1 e NCoI; (c) HindIII rep2 e NCoI para o promotor Pou5f1 com TSS ± 1000 bait.
(A linha diagonal mostra a linha de ajuste e r é o coeficiente de correlação de Pearson).

O Sox2 estava a apresentar uma pequena variação no padrão de correlação em comparação com o Pou5f1 e o Nanog. Uma falha importante observada durante a análise da correlação foi o facto de as correlações se basearem em apenas alguns pontos.

Também comparámos as correlações entre as interacções obtidas com diferentes tamanhos de isco em torno dos promotores. Verificou-se que, para Pou5f1 com isco TSS±500 em torno do promotor, o coeficiente de correlação entre HindIII rep1 e HindIII rep2 foi de 0,84; e para TSS±1000 e TSS±2000, a correlação foi de 0,92 e 0,93, respetivamente (Figura 3.2). Observou-se que a correlação entre as réplicas aumentava com o aumento do tamanho do isco em torno do promotor de Pou5f1, mais uma vez devido ao aumento do número de leituras consideradas como isco. Um padrão semelhante de aumento da correlação entre os

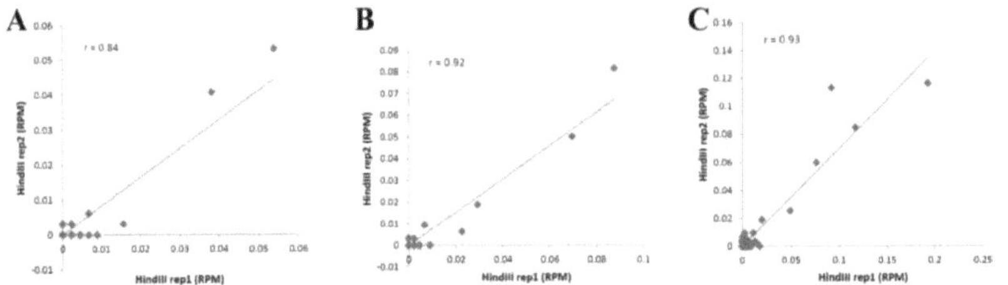

Figura 3.2: Gráficos de dispersão entre HindIII rep1 e HindIII rep2 para três tamanhos de isco. (a) TSS ± 500; (b) TSS ± 1000; (c) TSS ± 2000 isco em torno do promotor Pou5f1, mostrando correlações crescentes com o aumento do tamanho do isco. (A linha diagonal mostra a linha de ajuste e r é o coeficiente de correlação de Pearson).

com o aumento do tamanho do isco em torno do promotor foi observado para Sox2 e Nanog (Quadro 3).

Com base na análise acima, observou-se que o isco de 1000 pb (TSS±500) estava a fornecer dados muito escassos em comparação com os iscos de 2000 pb (TSS±1000) e 4000 pb (TSS±2000); e o tamanho do isco de 4000 pb (TSS±2000) poderia ser demasiado grande para estudar a interação dos promotores com outros módulos cis-reguladores. Assim, efectuámos a análise adicional com um isco de 2000 pb (TSS±1000) para os três genes.

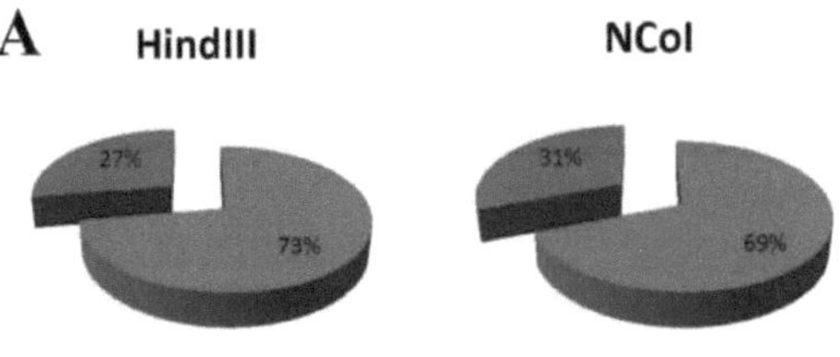

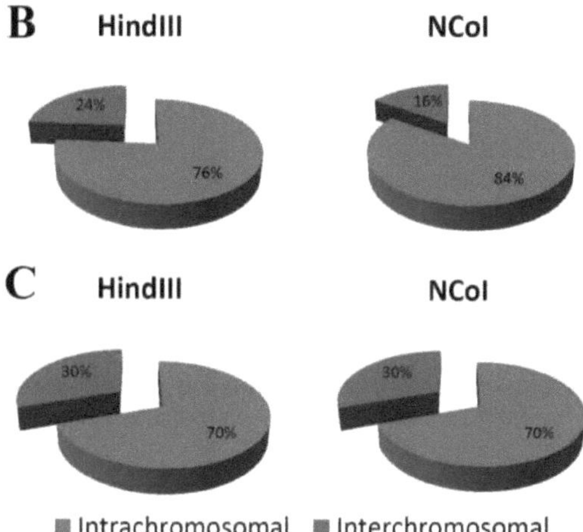

Figura 3.3: Padrão de interação inter e intracromossómica de interactomas de promotores durante a análise de dados Hi-C a partir de réplicas HindIII e NCoI para (a) Pou5f1; (b) Sox2 e (c) promotores Nanog com isco (TSS±1000).

Como os dados obtidos a partir das réplicas técnicas HindIII rep1 e HindIII rep2 estão significativamente correlacionados (Quadro 3), combinámos as leituras de interação obtidas a partir das duas réplicas para análise posterior.

Para Pou5f1, com TSS±1000 de isco em torno do promotor e tamanho de compartimento de 1kb, foram observados 222 locais de interacções a partir da réplica HindIII, dos quais 161 locais apresentavam interacções intracromossómicas e 61 locais apresentavam interacções intercromossómicas.

Para a réplica NCoI, observou-se que havia um total de 382 sítios de interacções, dos quais 265 eram interacções intracromossómicas e 117 interacções intercromossómicas.

Com um tamanho de isco de 2000 (TSS±1000) em torno do promotor e um tamanho de compartimento de 1kb, foram obtidos 88 locais de interação a partir da réplica HindIII para Sox2, dos quais 67 locais eram interacções intracromossómicas e 21 locais eram interacções intercromossómicas.

Já a partir da réplica NCoI para Sox2, obteve-se um total de 238 sítios de interação, dos quais 201 sítios eram interacções intracromossómicas e 37 sítios eram interacções intercromossómicas.

Do mesmo modo, para Nanog com TSS±1000 iscos em torno do promotor e um tamanho de compartimento de 1kb, foram observados 375 sítios de interação no total a partir da réplica HindIII, com 262 interacções intracromossómicas e 113 interacções intercromossómicas; e a partir da réplica NCoI para Nanog, foram registados 270 sítios de interacções, dos quais 195 sítios apresentavam interacções intracromossómicas e 85 sítios apresentavam interacções intercromossómicas.

Assim, na presente análise, a região promotora de Pou5f1 apresentou 73% e 69% de interacções intracromossómicas nas réplicas HindIII e NCoI, respetivamente.

No entanto, foram observadas interacções intracromossómicas ligeiramente superiores para os promotores de Sox2, com 76% na réplica HindIII e 84% na réplica NCoI; e o promotor de Nanog apresentou 70% de interacções intracromossómicas em ambas as réplicas (Figura 3.3).

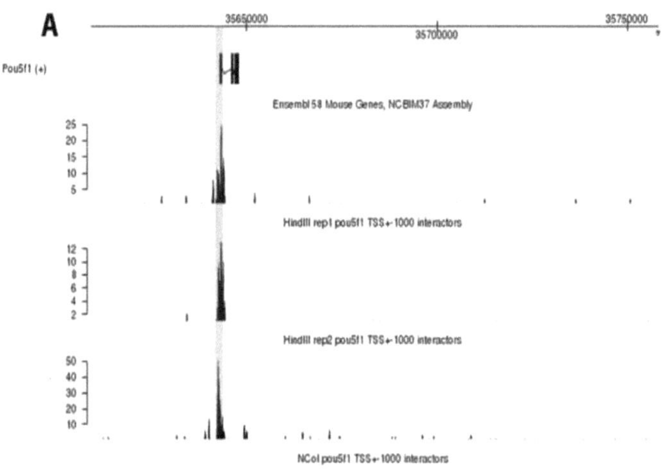

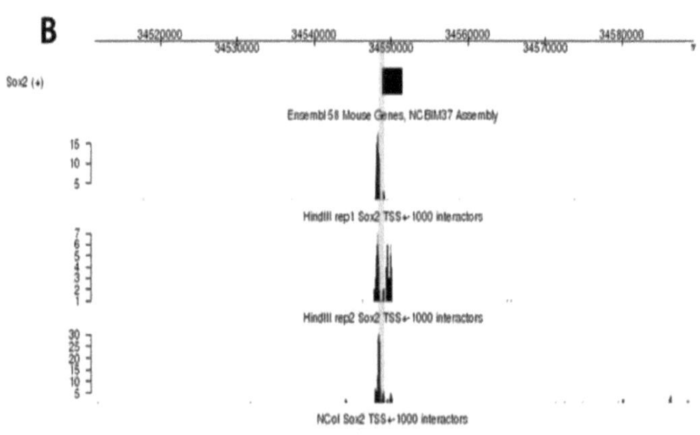

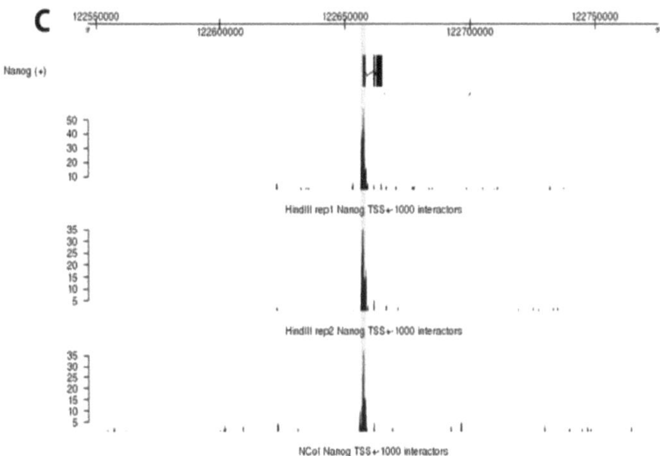

Figura 3.4: Picos de interação de interactomas de promotores obtidos durante a análise de dados Hi-C de (a) Pou5f1; (b) Sox2 e (C) promotor Nanog com isco TSS±1000. A barra vertical azul representa a região do isco utilizada para obter os interactomas do promotor.

A maior parte das leituras em interação foram encontradas na região do isco e havia uma grande diferença entre o pico mais elevado e os picos subsequentes dos sítios de interação. Os picos apresentavam um gráfico curvo decrescente em ambos os lados do isco (Figura 3.4). Pou5f1 apresentou uma queda de 90,48% (de uma contagem de 63 para 6 leituras, RC) do pico mais elevado de interação para o pico mais elevado seguinte na réplica HindIII.

Da mesma forma, observou-se uma queda de 83,95% (de 81RC para 13RC) na réplica NCoI para Pou5f1. No caso de Sox2, registou-se uma queda de 81,82% (de 11RC para 2RC) do pico mais elevado para o pico subsequente em HindIII e uma queda de 89,28% (de 28RC para 5RC) nas réplicas NCoI.

Também se observou uma grande descida semelhante de 70,59% (de 17RC para 5RC) e 92,31% (de 65RC para 5RC) nas réplicas HindIII e NCoI, respetivamente, para Nanog. Verificou-se que mais de 90% das leituras tinham apenas uma contagem de leituras. Por conseguinte, era difícil saber se as leituras eram verdadeiras contagens para interação ou se eram ruído. Assim, a resolução dos dados Hi-C não foi suficiente para estudar o efeito a longo prazo dos elementos reguladores na expressão genética.

3.1.2   Interactomas de potenciadores

Estudámos também os interactomas dos enhancers dos três genes Pou5f1 (Oct4), Sox2 e Nanog. Seleccionámos um isco de 2Kb em torno do MTL a montante mais próximo do TSS de cada um dos genes para obter os locais de interação para o potenciador. Combinámos as duas réplicas técnicas HindIII rep1 e HindIII rep2 para análise posterior. Para estudar o padrão de interação, agrupámos os dados numa caixa de 1Kb. Para Pou5f1, foram observados 358 locais de interacções a partir da réplica HindIII, dos quais 238 locais apresentavam interacções intracromossómicas e 120 locais apresentavam interacções intercromossómicas. A partir da réplica NCoI para Pou5f1, observou-se que havia um total de 176 locais de interacções, dos quais 117 locais apresentavam interacções intracromossómicas e 59 locais apresentavam interacções intercromossómicas.

Para Sox2, obteve-se um total de 33 sítios de interação a partir da réplica HindIII, dos quais 27 sítios eram interacções intracromossómicas e 6 sítios eram interacções intercromossómicas. Contudo, a partir da réplica NCoI para Sox2, obteve-se um total de 202 sítios de interação, dos quais 174 sítios eram interacções intracromossómicas e 28 sítios eram interacções intercromossómicas. Do mesmo modo, para Nanog, foram observados 356 sítios de interação no total a partir da réplica HindIII, com 266 interacções intracromossómicas e 90 interacções intercromossómicas; e a partir da réplica NCoI, foram registados 21 sítios de interacções, dos quais 12 sítios apresentavam

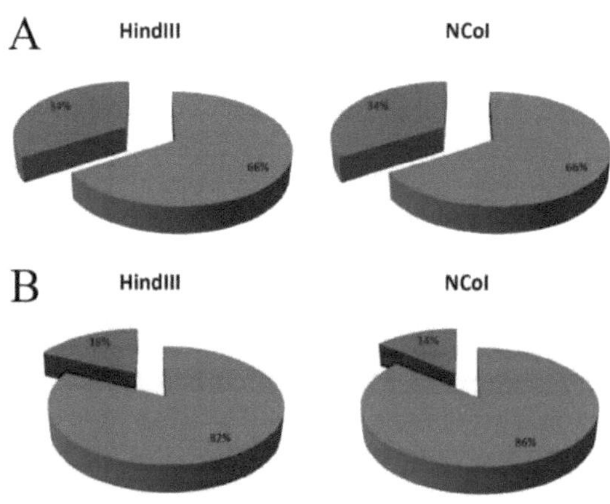

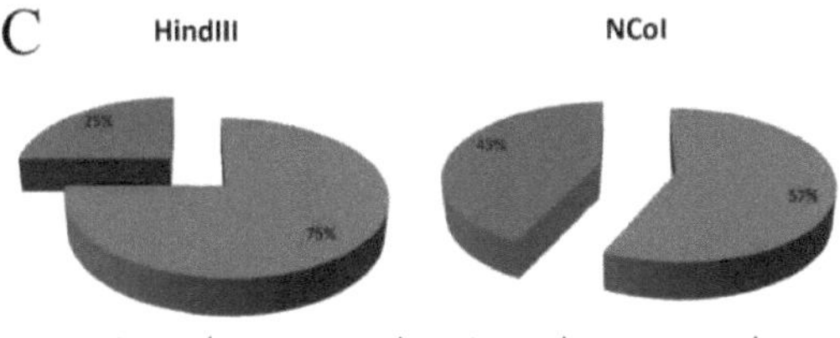

Figura 3.5: Padrão de interação inter e intracromossómica de interactomas de potenciadores durante a análise de dados Hi-C a partir de réplicas HindIII e NCoI para (a) Pou5f1; (b) Sox2 e (c) promotores Nanog com isco (TSS±1000).

interacções intracromossómicas e 9 sítios apresentavam interacções intercromossómicas.

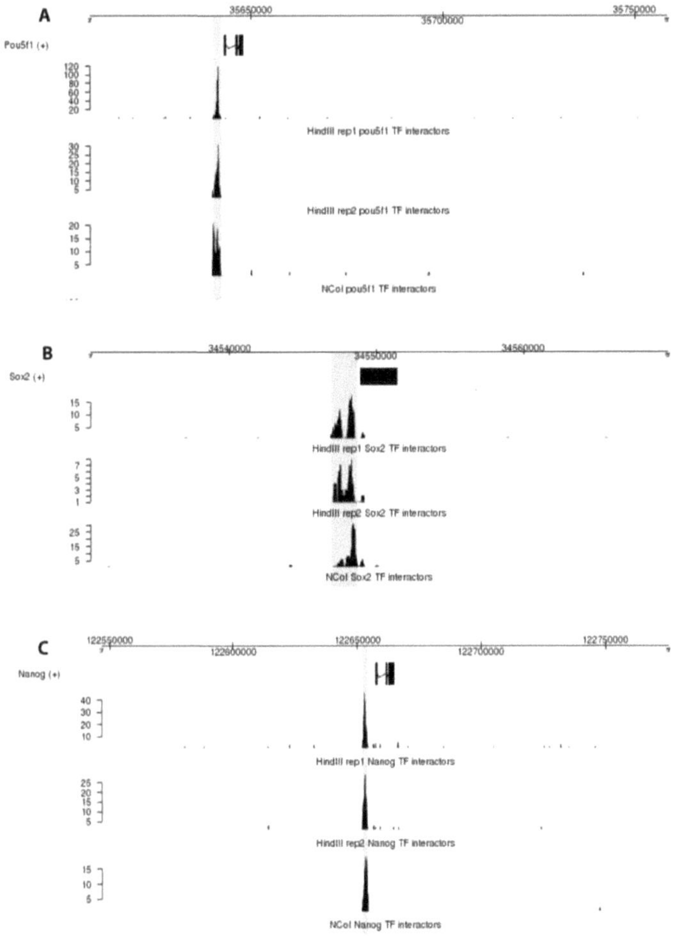

Figura 3.6: Picos de interação de interactomas de potenciadores obtidos durante a análise de dados Hi-C de (a) Pou5f1; (b) Sox2 e (C) promotor Nanog com isco TSS±1000. As barras verticais cinzentas representam o isco de 2000 pb utilizado para obter os interactomas de potenciadores.

Assim, na presente análise, a região do potenciador de Pou5f1 apresentou 66% de interacções intracromossómicas em ambas as réplicas HindIII e NCoI. No entanto, o potenciador de Sox2 apresentou 82% de interacções intracromossómicas na réplica HindIII e 86% de interacções intracromossómicas na réplica NCoI. O potenciador Nanog apresentou 75% de interacções intracromossómicas para a réplica HindIII e 57% de interacções intracromossómicas para a réplica NCoI (Figura 3.5).

Também no estudo dos sítios de interação de potenciadores, uma grande parte das leituras de interação foi encontrada na região do isco. Os picos apresentavam um gráfico curvilíneo decrescente em ambos os lados do isco. Havia uma grande diferença entre o pico mais elevado e os picos subsequentes dos sítios de interação (Figura 3.6). Verificou-se que mais de 90% dos sítios de interação em ambas as réplicas apresentavam apenas uma contagem de leitura única. Por conseguinte, era difícil saber se as leituras eram verdadeiras contagens para interação ou se eram simplesmente ruído. Assim, a resolução dos dados Hi-C não era suficiente para estudar o efeito a longo prazo dos elementos reguladores na expressão genética.

3.2 Análise de dados 5C

Na análise 5C, foi obtido um total de 78.516 leituras de interação a partir das duas réplicas (HindIII rep1 e HindIII rep2) para os promotores dos três genes de interesse (Pou5f1, Sox2 e Nanog). Os interactomas do promotor obtidos a partir das duas réplicas técnicas HindIII rep1 e HindIII rep2 apresentaram uma correlação de Pearson elevada para Pou5f1 (r = 0,99) e Sox2 (r = 0,96), mas comparativamente baixa para Nanog (r = 0,66). Obtivemos 35 809 leituras de interação a partir de HindIII rep1 e 25 598 leituras de interação a partir de HindIII rep2 para o promotor Pou5f1. Foram obtidas 278 leituras de interação a partir de HindIII rep1 e 77 leituras de interação a partir de HindIII rep2 para o promotor Sox2. Para o promotor Nanog, foram obtidas 7.705 leituras de interação a partir de HindIII rep1 e 4.482 leituras de interação a partir de HindIII rep2.

Ao analisar os locais de interação, foram observados 424 locais de interação de HindIII rep1 para Pou5f1, dos quais 149 interacções intracromossómicas e 275 interacções intercromossómicas. Para HindIII rep2, foram

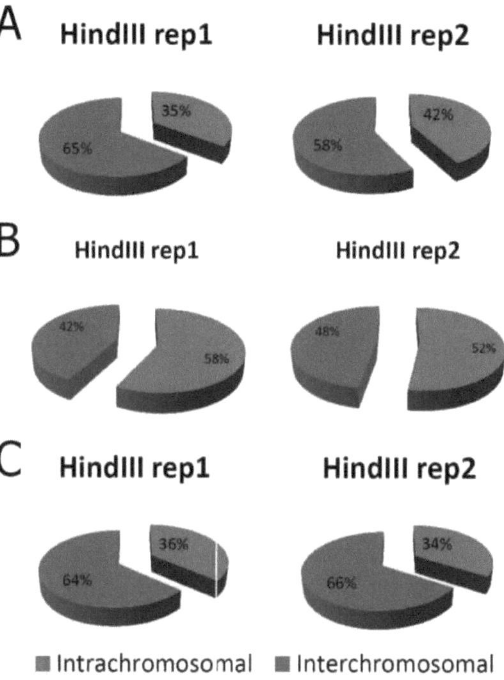

Figura 3.7: Padrão de interação inter e intracromossómica de interactomas de promotores durante a análise de dados 5C a partir de réplicas HindIII e NCoI para (a) Pou5f1; (b) Sox2 e (c) promotores Nanog.

observaram que havia um total de 365 locais de interacções para Pou5f1, dos quais 154 locais eram interacções intracromossómicas e 211 locais eram interacções intercromossómicas. Foram obtidos 33 locais de interação a partir de HindIII rep1 para Sox2, dos quais 19 locais eram interacções intracromossómicas e 14 locais eram interacções intercromossómicas.

Em contrapartida, a partir de HindIII rep2 para Sox2, obteve-se um total de 21 sítios de interação, dos quais 11 sítios eram interacções intracromossómicas e 10 sítios eram interacções intercromossómicas. Do mesmo modo, para Nanog, foi observado um total de 246 locais de interação a partir de HindIII rep1, dos quais 89 locais eram intracromossómicos e 157 locais eram intercromossómicos; e a partir de HindIII rep2 para Nanog, foram registados 251 locais de interação, dos quais 85 locais apresentavam interacções intracromossómicas e 166 locais apresentavam interacções intercromossómicas.

Assim, na presente análise, a região promotora de Pou5f1 apresentou 35% e 42% de interacções intracromossómicas em HindIII rep1 e HindIII rep2, respetivamente, enquanto os promotores de Sox2 apresentaram interacções intracromossómicas um pouco mais elevadas do que Pou5f1 e Nanog, com 58% em HindIII rep1 e 52% em HindIII rep2. Para o promotor Nanog, foram obtidas 36% e 34% de interacções intracromossómicas para HindIII rep1 e HindIII rep2, respetivamente (Figura 3.7). A análise 5C revelou comparativamente menos interacções intracromossómicas do que a análise Hi-C. Na experiência 5C, foram consultadas regiões pré-seleccionadas em torno do gene em causa, ao passo que na experiência Hi-C foram estudadas interacções em todo o genoma. Esta poderá ser a razão pela qual foram registadas percentagens mais elevadas de interacções intercromossómicas na análise 5C.

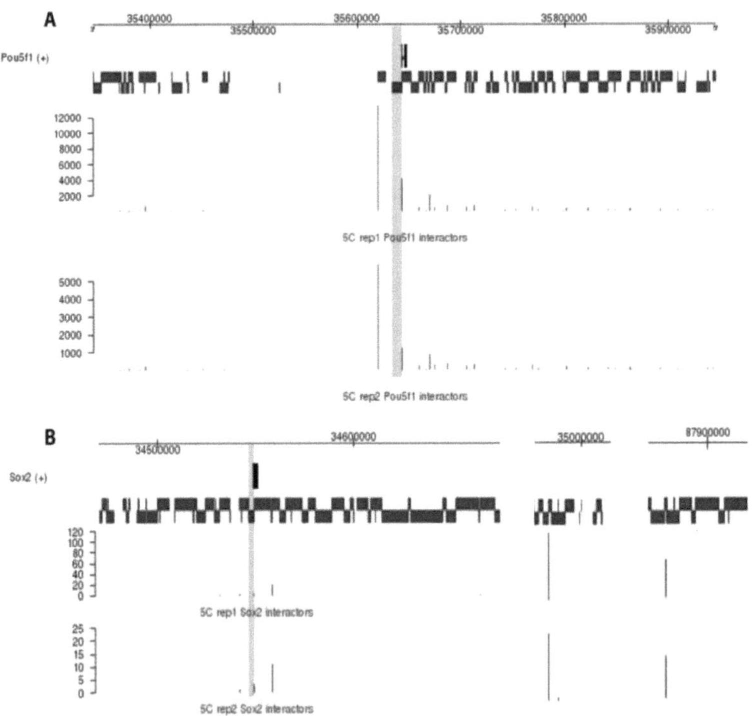

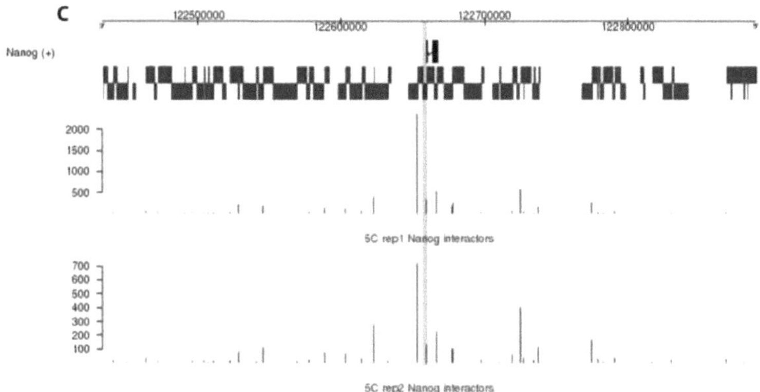

Figura 3.8: Picos de interação de interactomas de promotores obtidos durante a análise de dados 5C de (a) Pou5f1; (b) Sox2 e (C) promotor Nanog. Os picos representam fragmentos de restrição HindIII utilizados durante a experiência 5C para o esquema de desenho de primers 5C alternados. A faixa superior representa os primers 5C forward e a faixa inferior representa os primers 5C reverse. A barra vertical azul representa a posição do fragmento de restrição utilizado como isco para obter os interactomas do potenciador.

Em Pou5f1 e Nanog, os picos de interação intracromossómica apresentavam um gráfico curvilíneo decrescente tanto a montante como a jusante do fragmento de restrição isco. Os picos mais elevados tanto em Pou5f1 como em Nanog foram encontrados no fragmento de restrição alternativo adjacente a montante do fragmento de restrição isco, representando o potenciador putativo a montante (Phillips-Cremins et al. 2013). Em Sox2, foram observados muito menos sítios de interação. O pico máximo foi observado no fragmento de restrição localizado ~436Kbp a jusante, seguido do fragmento localizado ~53Mbp a jusante do fragmento de restrição isco, como se mostra na Figura 3.8. Analisámos estes dados integrando-os com os dados ChIP-Seq (discutidos na secção seguinte).

3.3   Análise integrada da captura de cromossomas com dados ChIP-Seq

Para a análise comparativa, apenas foram utilizadas as réplicas HindIII dos dados Hi-C, uma vez que apenas foi utilizada a enzima de restrição HindIII na experiência 5C. Combinámos as duas réplicas HindIII dos dados Hi-C, bem como as duas réplicas dos dados 5C. As contagens dos dados Hi-C e 5C foram obtidas nas regiões genómicas 5C para análise comparativa, mas não foram observadas correlações significativas nos dois conjuntos de dados para os três genes. Esta variação pode ter sido devida à diferença na química utilizada nas duas técnicas. Na experiência Hi-C, as leituras sequenciadas dependem da posição de cisalhamento após a ligação, ao passo que na experiência 5C, as leituras sequenciadas dependem da posição dos sítios de digestão da enzima de restrição antes da ligação. Em segundo lugar, na presente experiência 5C, foram concebidos pares de iniciadores alternativos para fragmentos de restrição consecutivos que detectam as interacções em fragmentos de restrição alternativos e não em cada fragmento de restrição.

Em seguida, os dados de captura da conformação dos cromossomas foram integrados com os dados ChIP-Seq. Integrámos os picos de ligação dos factores de transcrição Pou5f1, Sox2, Nanog e o fator de ligação CCCTC (CTCF) a partir da análise ChIP-Seq (Chen et

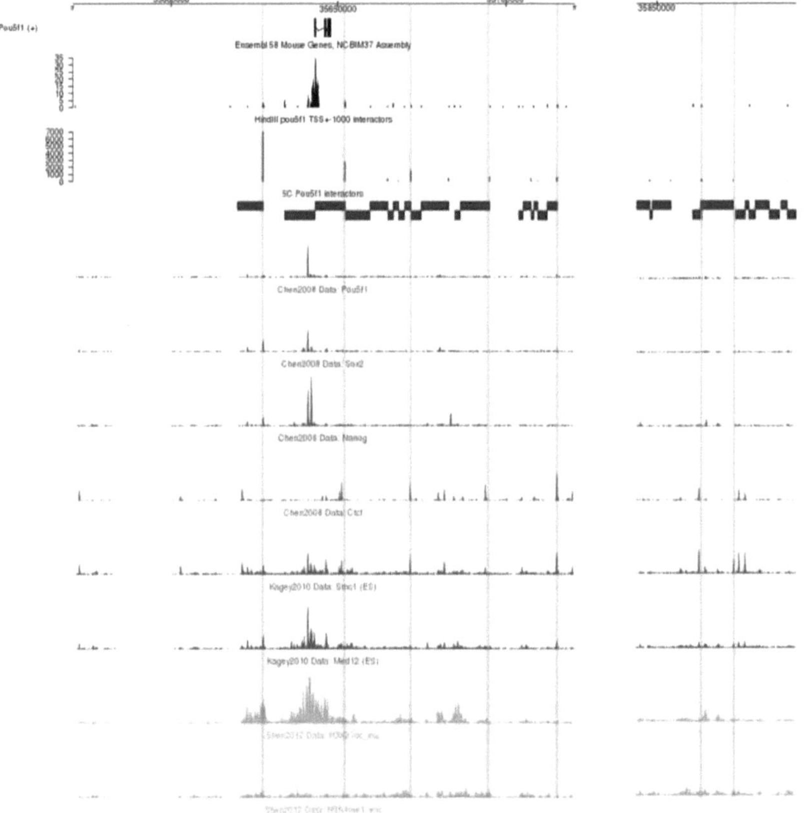

Figura 3.9: Interactomas do promotor Pou5f1 integrados com picos de ChIP-seq. As leituras da interação do

al., 2008). Também integrámos os picos da subunidade de coesão Smc1 e da subunidade mediadora Med12 de Kagey et al. (2010); e as modificações epigenómicas H3K27ac e H3K4me1 de Shen et al. (2012). A ligação ao CTCF é utilizada como marca para potenciais elementos isoladores (Kim et al., 2007). As modificações epigenómicas H3K4me1 e H3K27ac fora da região promotora são consideradas como marcas para potenciadores (Heintzman et al., 2007; Creyghton et al., 2010). O mediador e a coesão formam um complexo semelhante a um anel e ligam os potenciadores e os promotores centrais dos genes activos (Kagey et al., 2010).

Em Pou5f1, verificámos que tanto os dados Hi-C como os dados 5C mostravam interação com o potenciador putativo a ~25Kbp a montante ocupado por TFs Sox2, Nanog, Smc1, Med12, H3K27ac e H3K4me1 (Phillips-Cremins et al. 2013). Verificou-se que alguns locais de interação obtidos a partir dos dados Hi-C e 5C marcavam com CTCF e Smc1 (Figura 3.9), mas a contagem de leituras nos dados Hi-C e 5C era muito reduzida para os locais de interação.

Em Sox2, os dados Hi-C e 5C mostraram interação com o potenciador putativo a ~13Kbp a jusante do TSS, marcado por Smc1, Med12, H3K27ac e H3K4me1. Os dados Hi-C revelaram uma interação com ~90Kbp a jusante do TSS ocupada por Nanog e Med12 e um baixo nível de Pou5f1, Sox2, Smc1, H3K27ac e H3K4me1. Os dados 5C revelaram a intensidade de interação mais elevada a ~436Kbp a jusante do TSS, mas não foram observados picos significativos para os dados ChIP-seq, ao passo que a ~20Kbp a jusante deste pico (pico mais elevado de 5C) foi obtido um pico de interação de baixo nível a partir de dados Hi-C marcados com Smc1 e baixo nível de CTCF juntamente com Med12. Foi obtido um pico significativo de interação a partir de dados 5C a ~53Mbp a jusante do TSS marcado com CTCF e Med12, mas não foi obtida qualquer interação a partir de dados Hi-C (Figura 3.10).

Em Nanog, encontrámos dados Hi-C e 5C que mostram a interação em ~40Kbp

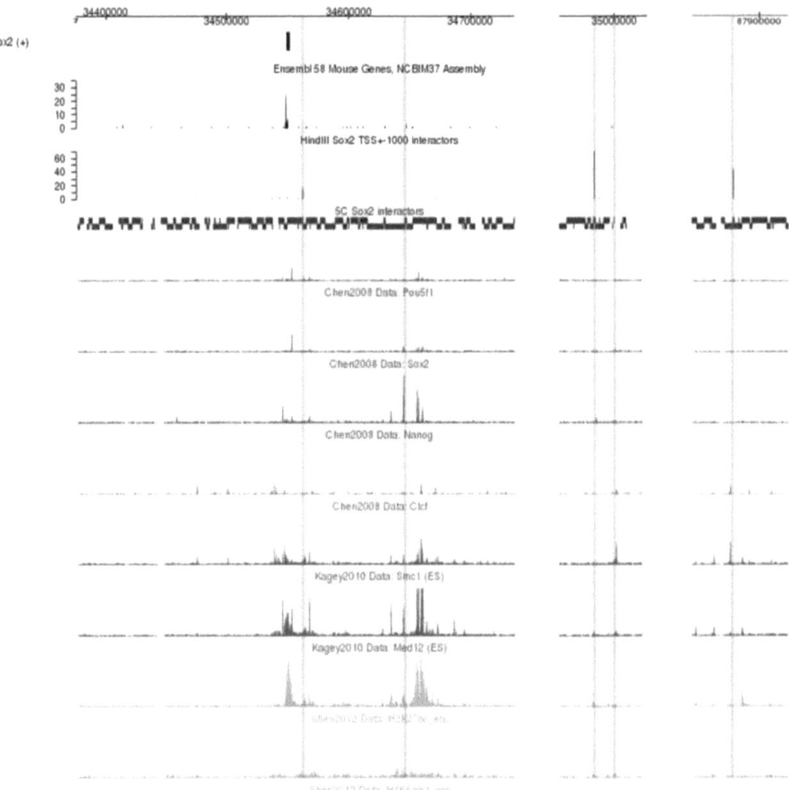

Figura 3.10: Interactomas do promotor Sox2 integrados com picos de ChIP-seq. As leituras de interação do promotor Sox2 dos dados Hi-C (apresentados a preto) e dos dados 5C (apresentados a castanho) em loci de genes específicos em ESC de ratinho são integradas com ChIP-Seq. As barras castanhas representam fragmentos de restrição HindIII utilizados durante a experiência 5C para o esquema de conceção de primers 5C alternados. A faixa superior representa os primers 5C directos e a faixa inferior representa os primers 5C inversos. São apresentados picos de ChIP-Seq para os factores de transcrição Pou5f1, Sox2, Nanog, fator de ligação CCCTC (CTCF), coesina (smc1), mediador (Med12) e modificações epigenómicas H3K27ac e H3K4me1. As linhas verticais vermelhas representam os loci genómicos específicos que interagem com os promotores Sox2 e que estão assinalados com os picos de ChIP-Seq.

a montante marcado com CTCF, Smc1, Med12, H3K27ac e H3K4me1, pode estar a representar um potenciador putativo. Encontrámos dados Hi-C que mostram a interação em

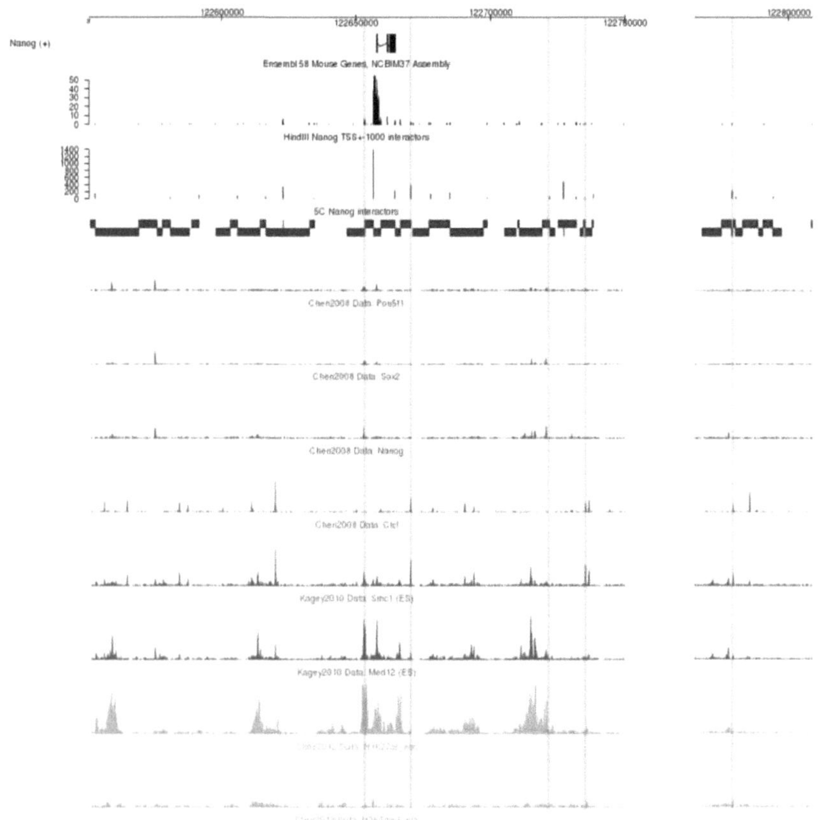

Figura 3.11: Interactomas do promotor Nanog integrados com picos de ChIP-seq. As leituras de interação do promotor Nanog dos dados Hi-C (apresentados a preto) e dos dados 5C (apresentados a castanho) em loci de genes específicos em ESC de ratinho são integradas com ChIP-Seq. As barras castanhas representam fragmentos de restrição HindIII utilizados durante a experiência 5C para o esquema de conceção de primers 5C alternados. A faixa superior representa os primers 5C directos e a faixa inferior representa os primers 5C inversos. São apresentados picos de ChIP-Seq para os factores de transcrição Pou5f1, Sox2, Nanog, fator de ligação CCCTC (CTCF), coesina (smc1), mediador (Med12) e modificações epigenómicas H3K27ac e H3K4me1. As linhas verticais vermelhas representam os loci genómicos específicos que interagem com os promotores Nanog e que estão assinalados com os picos de ChIP-Seq.

~20Kbp a montante marcado com Pou5f1, Sox2, Nanog, Smc1, Med12, H3K27ac e H3K4me1, mas não foi observada qualquer interação nesta região a partir de dados 5C. Da mesma forma, observámos dados 5C que mostram interação a ~6Kbp a montante marcados com CTCF, Smc1, Med12, H3K27ac e H3K4me1, mas não foi observada qualquer interação nesta região a partir de dados 5C (Figura 3.11). As diferenças observadas nos dois dados podem ter sido devidas à diferença na química das duas abordagens, conforme discutido anteriormente, mas, mais uma vez, as contagens de leituras nos dados Hi-C e 5C foram muito reduzidas para os locais de interação do promotor, o que justifica considerações adicionais.

4 DISCUSSÃO

Na experiência Hi-C, a probabilidade de ligação de duas regiões próximas, ou seja, as regiões que são espacialmente adjacentes uma à outra, é muito maior do que a de duas regiões aleatórias (Lan et al. 2012). Por conseguinte, quanto maior for o número de fragmentos ligados obtidos a partir das mesmas duas regiões, maior será a probabilidade de essas duas regiões estarem especialmente próximas uma da outra. Do mesmo modo, o número de fragmentos ligados obtidos a partir das mesmas duas regiões pode ser marcado como um indicador da distância espacial entre elas. As frequências reais de ligação dos fragmentos de cromatina foram encontradas na ordem das décimas de um por cento, o que indica interacções dinâmicas e de curta duração (Gavrilov et al. 2013). A probabilidade de ligação cruzada de diferentes regiões de uma cromatina dobrada é governada por muitos factores, como a eficiência da reação de ligação cruzada por si só e as frequências reais com que os fragmentos de cromatina alvo interagem no núcleo.

A ligação próxima aumenta o ruído de fundo nos dados Hi-C, tal como registado na presente análise. De acordo com Lieberman-Aiden et al., 2009, a probabilidade de contacto de fundo de dois loci na experiência Hi-C segue uma distribuição powerlaw e diminui com o aumento da distância genómica, ou seja, a distância em pares de bases ao longo da sequência de nucleótidos. Por conseguinte, na presente análise, obtivemos uma queda drástica na contagem de leituras à medida que nos afastámos da região de isco. Devido ao grande ruído de fundo, foi difícil distinguir o pico falso dos picos verdadeiros na resolução pretendida de 1kb. Assim, os dados Hi-C actuais não têm resolução suficiente para serem considerados para a presente análise. A resolução é um dos desafios importantes para os actuais métodos de análise de dados Hi-C. O problema de aumentar a resolução é que, para aumentar a resolução por um fator n, temos de aumentar a gravidade da sequenciação por um fator n^2. Em seguida, com o aumento da resolução, a frequência de colisão aleatória pode gerar demasiado ruído de fundo para determinar a interação real (Shaw, 2010). Com o aumento da capacidade de sequenciação e a redução dos custos, esperam-se para os próximos anos dados de interação da cromatina com elevada cobertura, mas a análise a jusante destes conjuntos de dados constitui um grande desafio! O aumento da cobertura aumentará o ruído de fundo juntamente com o aumento da resolução. Por conseguinte, são necessários métodos de análise a jusante para diminuir o ruído de fundo, detetar falsos picos e enriquecer os picos de interação da cromatina e outros enviesamentos sistémicos (revisto por Dekker et al., 2013).

Outra grande desvantagem do método Hi-C é o facto de as leituras de sequenciação começarem nos sítios das enzimas de restrição utilizadas na experiência, ou perto deles, e não no sítio real de interação ADN-ADN. Por conseguinte, a resolução deste método está limitada à distância entre os sítios genómicos da enzima de restrição específica utilizada para essa experiência. Embora o aumento da cobertura de leitura seja essencial para a obtenção de dados de interação de promotores de alta qualidade, não resolve esta limitação específica. Hwang et al. (2013) utilizaram um modelo de distribuição geométrica para a análise de dados Hi-C para identificar hotspots de interação de ADN em vez de utilizar uma janela deslizante para sondar segmentos de 1 Mb e melhoraram a resolução genómica em 300 vezes (~3,3kb). No entanto, esta resolução é demasiado grosseira para estudar elementos reguladores, que requerem idealmente uma resolução de nucleótido único.

Yaffe e Tanay (2011) relataram numerosos enviesamentos sistemáticos que influenciam significativamente a técnica experimental Hi-C, tais como a distância entre os locais de restrição, o conteúdo GC das junções de ligação aparadas, a singularidade da sequência e assim por diante. Apresentaram um modelo de fundo probabilístico integrado e introduziram algoritmos para avaliar os seus parâmetros e renormalizar os dados Hi-C, mas a resolução obtida por eles não foi suficiente para revelar detalhes arquitectónicos específicos do locus.

Na análise 5C, para descobrir a interação dos locais visados com outros fragmentos na região genómica de interesse, são concebidos primers reversos para os locais visados e primers forward para todos os outros fragmentos na região genómica de interesse (Sanyal et al., 2012). No entanto, na presente experiência, Phillips-Cremins et al. (2013) conceberam primers 5C forward e reverse de forma alternada para fragmentos de restrição consecutivos dentro da região específica para identificar a conformação global da cromatina da região de interesse. Por conseguinte, na presente análise, estamos a obter picos para cada par de primers alternados em vez de cada um dos primers. Não foi possível obter um mapa de interação completo para um determinado domínio do genoma a partir desta análise 5C, uma vez que não é possível identificar as interacções que são reconhecidas tanto pelos iniciadores avançados como pelos iniciadores inversos. Assim, para obter um mapa de interação completo para o domínio genómico de interesse, é necessário efetuar várias análises 5C. Cada análise deve ter um esquema de conceção de primers 5C permutados para que se possam obter matrizes de interação parcialmente sobrepostas. Estas matrizes podem então ser combinadas para obter mapas de interação completos com frequências de interação de todos os pares de fragmentos de restrição numa região de interesse (Dostie et al. 2006).

Os estudos originais Hi-C (Dixon et al., 2012) e 5C (Phillips-Cremins et al., 2013) centram-se na determinação da organização cromossómica em grande escala, mas não demonstraram se estas variantes de sequenciação de alto rendimento do 3C são suficientemente sensíveis ou específicas para a previsão de interacções promotor-recetor. Na presente análise, foi revelado que os dois conjuntos de dados não tinham resolução suficiente para serem utilizados para avaliar a força de associação espacial dos TFs aos genes.

Numa publicação recente (de Wit et al., 2013), foi utilizado o 4C-seq (chromosome conformation capture-on-chip combinado com sequenciação) para gerar mapas de contacto de alta resolução para uma série de sítios individuais representativos de diferentes regiões cromossómicas de vários cromossomas em ESC de ratinho. A tecnologia 4C é conhecida como estratégia "um-versus-tudo" porque, nela, é definido *um* único ponto de vista e o geoma é analisado em busca de sequências que contactem com este sítio selecionado. Na tecnologia 4C, o modelo 3C ligado é processado com uma segunda ronda de digestão e ligação de ADN para criar pequenos círculos de ADN (alguns dos quais contêm as junções de ligação 3C). Utilizando primers específicos do ponto de vista, a PCR inversa amplifica especificamente todas as sequências que contactam com este local cromossómico. Estas podem então ser analisadas por microarrays ou, atualmente, por métodos NGS (revisto por de Wit e de Laat, 2012; van de Werken, 2012). van de Werken et al. 2012 descreveram uma metodologia rentável e um pipeline de análise computacional para uma caraterização robusta da organização física em torno de promotores seleccionados e outros elementos funcionais utilizando 4C-seq. A análise destes dados pode revelar-se gratificante para o estudo dos interactivos da cromatina e das redes de regulação do genoma em espaços tridimensionais

A ChIA-PET (Chromatin Interaction Analysis using Paired-End Tag sequencing), que combina a ChIP e a 3C com a sequenciação de elevado rendimento Paired-End Tag (Fullwood et al., 2009), pode revelar-se útil para o estudo da regulação genética a longa distância. É diferente da maioria das outras técnicas baseadas em 3C. Utiliza a sonicação em vez da digestão enzimática e elimina a possibilidade de insuficiência de digestão de diferentes enzimas de restrição em diferentes locais de digestão. Incorpora uma etapa de imunoprecipitação após a ligação, o que aumenta a especificidade da deteção da interação da cromatina. Não só reduz o ruído não específico, como também identifica as interacções da cromatina que estão ligadas a proteínas específicas. Para além de algumas preocupações importantes, como o elevado nível de falsos positivos associado à mistura dos métodos ChIP e 3C, pode revelar-se útil para o estudo da regulação genética a longa distância (Fullwood e Ruan, 2009).

5 CONCLUSÃO

Integrámos os dados ChIP-seq e os dados 3C das CTE de ratinho para saber se a incorporação de informação espacial nos poderia ajudar a compreender melhor o mapeamento da ligação dos elementos reguladores aos seus genes alvo. Examinámos os dados Hi-C e os dados 5C para obter interactomas de promotores de três reguladores e marcadores centrais de CTE de ratinho, nomeadamente Oct4 (Pou5f1), Sox2 e Nanog. Os dados 5C apresentavam picos de interação em sítios de restrição alternativos nas regiões consultadas pré-seleccionadas, uma vez que a estratégia de conceção de pares de iniciadores alternativos foi utilizada na presente experiência 5C para estudar a conformação global da cromatina da região de interesse. No entanto, é possível obter um mapa de interação completo para uma determinada região genómica a partir da análise 5C utilizando múltiplas análises 5C, cada uma com um esquema de conceção de primers 5C permutados. A abordagem 5C múltipla pode revelar-se frutuosa para estudar os interactivos da cromatina e a rede de regulação do genoma em espaços 3D. Na presente análise de dados Hi-C, verificou-se que o número de contagens de leituras era muito inferior para um tamanho de caixa mais pequeno de 1Kb e que o ruído de fundo era muito elevado. Os dados Hi-C não tinham uma resolução adequada para serem utilizados para representar a informação espacial das sequências reguladoras que interagem em torno do gene. Num futuro próximo, com o aumento da capacidade de sequenciação e a redução dos custos, espera-se que esteja disponível um grande número de estudos Hi-C com uma cobertura melhorada.

Para fazer face aos enviesamentos sistémicos e a outras limitações dos métodos baseados em 3C, tal como referido anteriormente, a análise a jusante destes dados constitui também um grande desafio. Assim, são necessários novos desenvolvimentos nos domínios da bioinformática, da biologia computacional e da biofísica. É essencial melhorar ainda mais as abordagens de análise de dados experimentais e computacionais para resolver problemas como o impacto dos elementos reguladores na regulação dos genes a longas distâncias, que exigem uma resolução elevada.

A captura da conformação de cromossomas circulares, quando associada à sequenciação de nova geração (4C-Seq), pode ser utilizada para identificar a interação a nível do genoma de um determinado locus (uma sequência "isco") com todos os seus parceiros de interação. Recentemente, a abordagem de sonicação foi também aplicada para este fim (Huang et al., 2010). Embora os pipelines bioinformáticos para a análise dos dados 4C-Seq não estejam bem desenvolvidos, a abordagem 4C-seq pode revelar-se gratificante para o estudo dos interactivos da cromatina e das redes de regulação do genoma em espaços tridimensionais.

A CHIA-PET, uma amálgama de fragmentação da cromatina baseada na sonicação, enriquecimento baseado na ChIP, ligação da proximidade da cromatina e sequenciação de ultra-alto rendimento com Paired-End Tag, tem capacidade para detetar tanto os locais de ligação dos factores de transcrição como as interacções da cromatina entre esses locais de ligação. Pode também revelar-se gratificante para o estudo dos interactomas da cromatina e das redes de regulação do genoma em espaços tridimensionais.

REFERÊNCIAS

Barski A, Cuddapah S, Cui K, Roh TY, Schones DE, Wang Z, Wei G, Chepelev I, Zhao K. High-resolution profiling of histone methylations in the human genome. Cell. 2007; 129(4): 823-37.

Boyer LA, Lee TI, Cole MF, Johnstone SE, Levine SS, et al. Core transcriptional regulatory circuitry in human embryonic stem cells. Cell. 2005; 122(6): 947-56.

Chambers I, Colby D, Robertson M, Nichols J, Lee S, Tweedie S, Smith A. Functional expression cloning of Nanog, a pluripotency sustaining fator in embryonic stem cells. Cell. 2003; 113(5):643-55.

Chambers I. The molecular basis of pluripotency in mouse embryonic stem cells. Cloning Stem Cells. 2004; 6(4):386-91.

Chen X, Xu H, Yuan P, Fang F, Huss M, Vega VB, Wong E, Orlov YL, et al. Integração de vias de sinalização externas com a rede de transcrição central em células estaminais embrionárias. Cell. 2008; 133, 1106-17.

Creyghton MP, Cheng AW, Welstead GG, Kooistra T, Carey BW, Steine EJ, Hanna J, Lodato MA, Frampton GM, Sharp PA, Boyer LA, Young RA, Jaenisch R. A histona H3K27ac separa os potenciadores activos dos potenciadores posicionados e prevê o estado de desenvolvimento. Proc Natl Acad Sci U S A. 2010; 107(50):21931-6.

Dailey L, Basilico C. Coevolução de domínios HMG e homeodomínios e a geração de regulação transcricional por complexos Sox/POU. J Cell Physiol. 2001; 186(3):315-28.

de Wit E, Bouwman BA, Zhu Y, Klous P, Splinter E, Verstegen MJ, Krijger PH, Festuccia N, Nora EP, Welling M, Heard E, Geijsen N, Poot RA, Chambers I, de Laat W. The pluripotent genome in three dimensions is shaped around pluripotency factors. Nature. 2013 Jul 24.

de Wit E, de Laat W. A decade of 3C technologies: insights into nuclear organization. Genes Dev. 2012; 26(1):11-24.

Dekker J, Marti-Renom MA, Mirny LA. Explorar a organização tridimensional dos genomas: interpretar os dados de interação da cromatina. Nat Rev Genet. 2013; 14(6):390-403.

Dekker J, Rippe K, Dekker M, Kleckner N. Capturing chromosome conformation. Science. 2002; 295(5558):1306-11.

Dixon JR, Selvaraj S, Yue F, Kim A, Li Y, Shen Y, Hu M, Liu JS, Ren B. Topological domains in mammalian genomes identified by analysis of chromatin interactions. Nature. 2012; 485(7398):376-80.

Dostie J, Richmond TA, Arnaout RA, Selzer RR, Lee WL, Honan TA, Rubio ED, Krumm A, Lamb J, Nusbaum C, Green RD, Dekker J. Chromosome Conformation Capture Carbon Copy (5C): uma solução maciçamente paralela para mapear interacções entre elementos genómicos. Genome Res. 2006; 16(10): 1299-309.

Fullwood MJ, Liu MH, Pan YF, Liu J, Xu H, Mohamed YB, Orlov YL, et al. An oestrogen-recetor-alpha-bound human chromatin interactome. Nature. 2009; 462(7269):58-64.

Fullwood MJ, Ruan Y. Métodos baseados em ChIP para a identificação de interacções de longo alcance da cromatina. J Cell Biochem. 2009; 107(1):30-9.

Furey TS. ChIP-seq e mais além: metodologias novas e melhoradas para detetar e caraterizar interacções proteína-DNA. Nat Rev Genet. 2012; 13(12): 840-52.

Gavrilov AA, Golov AK, Razin SV. Frequências reais de ligação no procedimento de captura da conformação do cromossoma. PLoS One. 2013; 8(3):e60403.

Halbritter F, Vaidya HJ, Tomlinson SR. GeneProf: análise de experiências de sequenciação de elevado rendimento. Nat Methods. 2011; 9(1): 7-8.

Harmston N, Lenhard B. Cromatina e características epigenéticas da regulação genética de longo alcance. Nucleic Acids Res. 2013.

Heintzman ND, Hon GC, Hawkins RD, Kheradpour P, Stark A et al. Histone modifications at human enhancers reflect global cell-type-specific gene expression. Nature. 2009; 459(7243): 108-12.

Heintzman ND, Stuart RK, Hon G, Fu Y, Ching CW, Hawkins RD, Barrera LO, Van Calcar S, Qu C, Ching KA, Wang W, Weng Z, Green RD, Crawford GE, Ren B. Distinct and predictive chromatin signatures of transcriptional promoters and enhancers in the human genome. Nat Genet. 2007; 39(3):311- 8.

Hou C, Corces VG. Throwing transcription for a loop: expressão do genoma no núcleo 3D. Chromosoma. 2012; 121(2): 107-16.

Huang PY, Han Y, Handoko L, Velkov S, Wong E, Cheung E, Ruan X, Wei C, Fullwood MJ, Ruan Y: Sonication-based Circular Chromosome Conformation Capture com análise de sequenciamento de próxima geração para a deteção de interações de cromatina.Protocol Exchange: Protocolo 2010.

Hwang YC, Zheng Q, Gregory BD, Wang LS. Identificação de alto rendimento de elementos reguladores de longo alcance e seus promotores-alvo no genoma humano. Nucleic Acids Res. 2013; 41(9):4835-46.

Ji H, Jiang H, Ma W, Johnson DS, Myers RM, Wong WH. Um sistema de software integrado para analisar dados ChIP-chip e ChIP-seq. Nat Biotechnol. 2008;

26(11):1293-300.

Johnson DS, Mortazavi A, Myers RM, Wold B. Genome-wide mapping of in vivo protein-DNA interactions. *Science.* 2007; 316(5830): 1497-502.

Kagey MH, Newman JJ, Bilodeau S, Zhan Y, Orlando DA, van Berkum NL, Ebmeier CC, Goossens J, Rahl PB, Levine SS, Taatjes DJ, Dekker J, Young RA. Mediator and cohesin connect gene expression and chromatin architecture. *Nature.* 2010; 467(7314):430-5.

Kleinjan DA, van Heyningen V. Long-range control of gene expression: emerging mechanisms and disruption in disease. *Am J Hum Genet.* 2005; 76(1): 8-32.

Lajoie BR, van Berkum NL, Sanyal A, Dekker J. My5C: ferramentas Web para estudos de captura da conformação cromossómica. *Nat Methods.* 2009; 6(10):690-1.

Lan X, Witt H, Katsumura K, Ye Z, Wang Q, Bresnick EH, Farnham PJ, Jin VX. A integração de dados Hi-C e ChIP-seq revela tipos distintos de ligações de cromatina. *Nucleic Acids Res.* 2012; 40(16):7690-704.

Landegren U, Kaiser R, Sanders J, Hood L. Uma técnica de deteção de genes mediada por ligase. *Science.* 1988; 241(4869):1077-80.

Langmead B, Trapnell C, Pop M, Salzberg SL. Ultrafast and memory-efficient alignment of short DNA sequences to the human genome (Alinhamento ultrarrápido e eficiente em termos de memória de sequências curtas de ADN ao genoma humano). *Genome Biol.* 2009; 10(3):R25.

Levine M, Tjian R. Transcription regulation and animal diversity (Regulação da transcrição e diversidade animal). *Nature.* 2003; 424(6945):147-51.

Lieberman-Aiden E, van Berkum NL, Williams L, Imakaev M, Ragoczy T, Telling A, Amit I, Lajoie BR, Sabo PJ, Dorschner MO, Sandstrom R, Bernstein B, Bender MA, Groudine M, Gnirke A, Stamatoyannopoulos J, Mirny LA, Lander ES, Dekker J. Comprehensive mapping of long-range interactions reveals folding principles of the human genome. Science. 2009; 326(5950): 289-93.

Loh YH, Wu Q, Chew JL, Vega VB, Zhang W et al. The Oct4 and Nanog transcription network regulates pluripotency in mouse embryonic stem cells. Nat Genet. 2006; 38(4): 431-40.

Misteli T. Para além da sequência: organização celular da função do genoma. Cell. 2007; 128(4):787-800.

Mitsui K, Tokuzawa Y, Itoh H, Segawa K, Murakami M, Takahashi K, Maruyama M, Maeda M, Yamanaka S. The homeoprotein Nanog is required for maintenance of pluripotency in mouse epiblast and ES cells. Cell. 2003; 113(5):631-42.

Nichols J, Zevnik B, Anastassiadis K, Niwa H, Klewe-Nebenius D, Chambers I, Scholer H, Smith A. A formação de células estaminais pluripotentes no embrião de mamíferos depende do fator de transcrição POU Oct4. Cell. 1998; 95(3):379- 91.

Ouyang Z, Zhou Q, Wong WH. ChIP-Seq de factores de transcrição prevê a expressão absoluta e diferencial de genes em células estaminais embrionárias. Proc Natl Acad Sci U S A. 2009; 106(51):21521-6.

Park PJ. ChIP-seq: vantagens e desafios de uma tecnologia em amadurecimento. Nat Rev Genet. 2009; 10(10):669-80.

Peck D, Crawford ED, Ross KN, Stegmaier K, Golub TR, Lamb J. A method for high-throughput gene expression signature analysis. Genome Biol. 2006; 7(7):R61.

Phillips-Cremins JE, Sauria ME, Sanyal A, Gerasimova TI, Lajoie BR, Bell JS, Ong CT, Hookway TA, Guo C, Sun Y, Bland MJ, Wagstaff W, Dalton S, McDevitt TC, Sen R, Dekker J, Taylor J, Corces VG. Proteína arquitetural

As subclasses moldam a organização tridimensional dos genomas durante a formação da linhagem. Cell. 2013; 153(6): 1281-95.

Sanyal A, Lajoie BR, Jain G, Dekker J. The long-range interaction landscape of gene promoters. Nature. 2012; 489(7414): 109-13.

Shaw PJ. Mapeamento da conformação da cromatina. F1000 Biol Rep. 2010; 2. pii:18.

Shen Y, Yue F, McCleary DF, Ye Z, Edsall L, Kuan S, Wagner U, Dixon J, Lee L, Lobanenkov VV, Ren B. A map of the cis-regulatory sequences in the mouse genome. Nature. 2012; 488(7409):116-20.

Solomon MJ, Larsen PL, Varshavsky A. Mapping protein-DNA interactions in vivo with formaldehyde: evidence that histone H4 is retained on a highly transcribed gene. Cell. 1988; 53(6): *937-47.*

Spitz F, Gonzalez F, Duboule D. A global control region defines a chromosomal regulatory landscape containing the HoxD cluster. Cell. 2003; 113(3):405-17.

van de Werken HJ, de Vree PJ, Splinter E, Holwerda SJ, Klous P, de Wit E, de Laat W. 4C technology: protocols and data analysis. Methods Enzymol. 2012; 513:89-112.

van de Werken HJ, Landan G, Holwerda SJ, Hoichman M, Klous P, Chachik R, Splinter E, Valdes-Quezada C, Oz Y, Bouwman BA, Verstegen MJ, de Wit E, Tanay A, de Laat W. Robust 4C-seq data analysis to screen for regulatory DNA interactions. Nat Methods. 2012; 9(10):969-72.

Yaffe E, Tanay A. A modelação probabilística dos mapas de contacto Hi-C elimina os enviesamentos sistemáticos para caraterizar a arquitetura cromossómica global. Nat Genet. 2011; 43(11):1059-65.

Yang J, Corces VG. Isoladores de cromatina: um papel na organização nuclear e expressão gênica. Adv Cancer Res. 2011; 110: 43-76.

Zhang Y, Liu T, Meyer CA, Eeckhoute J, Johnson DS, Bernstein BE, Nusbaum C, Myers RM, Brown M, Li W, Liu XS. Análise baseada em modelos de ChIP-Seq (MACS). Genome Biol. 2008; 9(9):R137.

I want morebooks!

Buy your books fast and straightforward online - at one of world's fastest growing online book stores! Environmentally sound due to Print-on-Demand technologies.

Buy your books online at
www.morebooks.shop

Compre os seus livros mais rápido e diretamente na internet, em uma das livrarias on-line com o maior crescimento no mundo! Produção que protege o meio ambiente através das tecnologias de impressão sob demanda.

Compre os seus livros on-line em
www.morebooks.shop

Printed by Books on Demand GmbH, Norderstedt / Germany